みんなしあわせ！
保護猫ビフォー→アフター→

猫びより編集部・編

ビフォー

アフター

辰 巳 出 版

目次

2

はじめに

家族の愛で、猫生はここまで変わる。

表紙の写真を見てください。

左が「出会った頃」で、右が「現在」なのですが、すくすく成長した

子猫もいれば、まるで別の猫のように変身した猫もいます。

ただ共通するのは、現在の姿が皆しあわせそうだということ。

本書では、猫専門誌「猫びより」「ネコまる」で取材した猫たちや、

SNSで募集した飼い主さんからの投稿、

合わせて48のビフォーアフターを収録しています。

その一つひとつに、猫と家族の異なるドラマがあります。

用水路で鳴いているところを救出したり、

公園にいた顔馴染みの猫を放っておけずに保護したり、

酷暑の中ごはんをねだる姿を見るに見かねて家に迎えたり。

さまざまな経緯で出会い、家族にたくさんの愛情をもらい、

猫生を謳歌する猫たちの姿には胸が熱くなります。

そしてそれは猫を迎えた人も同じではないかと思うのです。

私たちは、猫から愛する喜びと愛される喜びを教えてもらい、

人生を豊かなものにしてもらっています。

この本には、猫と家族それぞれのしあわせの物語が

たっぷり綴られています。お読みいただき、ぜひ保護猫の魅力を

知ってもらえれば幸いです。

猫びより編集部

初出：本文中に記載のないものは『猫びより』119号（2021年）、130号（2023年）
その他、新たにSNSで募集しました

ぼんちゃん

（5歳♂）

ハッピースマイル

　20年ともに暮らした猫を喪ったあと気持ちの整理がつかず、他の猫を迎えることができずにいましたが、自分の年齢を考えて猫を迎えるなら早くしないとと思い、里親募集サイトを見るようになりました。ぼんやり眺めていたところ、目に入ったのがぼんちゃんの笑顔！ お外暮らしで怪我をして保護された子とは思えないハッピーなオーラを写真から感じました。会いに行ってみると、ソ

アフター

プラノボイスで「きゃーん」と鳴いて、むっちりボディをドスンっと人間にあずけてくる無邪気さに、自然と頬がゆるむどころか大爆笑ですっかり心奪われました。ぼんちゃんは、感情豊かでとってもおしゃべり。病院から帰ってきたときはひとしきり文句を言うのですが、最後は「ふぅ～、すっきりした。寝よ」と根に持たないいいやつです。ぼんちゃんが安心して健やかに楽しく暮らせることが、私たち家族の喜びです。

東京都 Bonchan_111

（7歳）

レイ

（1ヶ月♀）

カーテン大好きいたずらっ子

2015年6月半ば、線路をまたぐ坂道の斜面の辺りから子猫の鳴き声が。探してみるも木や草が茂っていて姿を見つけることができず、翌日、日の出とともに捜索再開。1時間ほど経ってもどこにいるかさっぱりわからなかったのですが、1匹の黒白猫がガードレールの土台を覗いているのが見えました。もしやと見ると子猫が潜んでこちらを威嚇しているではありませんか。そこから3

時間の奮闘の後、身柄を確保！ 急いで近くの動物病院へ。ガードレール（レイル）にちなんでレイと名づけました。小さな姿で威嚇していたレイは、大人になっても活発を通り越して暴れん坊のいたずら坊。いつの間にかレイ坊が愛称となりました。子猫の頃からカーテンが好きで、さすがに体が大きくなってからは登りませんが、カーテンをかじって穴を開けるのが大好き。爪が引っかかって取れなくなり、なんとかしてとこちらを見ていることも。暴れん坊の一方、とっても甘えん坊で、いきなり背中に飛び乗ったり、胸に飛び込んでゴロゴロ言ったり。そんなレイが可愛くてなりません。

千葉県 キウイ母

（5歳）

シロ

（2歳♂）

気になる公園猫

シロは仕事で通りかかることの多かった公園で出会い、「うわ、なんて貧相な猫なんだ」と強烈な印象を残した猫でした。この公園に捨てられた

らしく、近所の方から「シロ」と呼ばれ、ごはんをもらって命を繋いでいましたが、いつも強い猫たちにやられてばかりで、傷だらけでした。その後、わざわざ仕事がなくても毎日会いに行くようになり、一日に数度通うようになり、シロなしの人生

アフター

（6歳）

が考えられなくなる頃には、出会って5ヶ月が過ぎていました。シロを気にかけてくれていた公園の近所の方々と相談して捕獲し、うちに連れて帰りました。一緒に暮らしはじめて3年半。だんだん時間をかけて、我が家でくつろぐ様子を見せて

くれるようになりました。保護後、猫エイズキャリアだったことがわかり、保護を決断して本当によかったです。

埼玉県 高橋美香

おあげ

おあげ（前・4ヶ月♂）、あんみつ（3歳♀）

なんでも一緒がいい！

先住のおじちゃん猫たちを見送り、ひとり娘になったあんみつにそろそろ相棒を……と友人に話したところ、「保護したい子がいるねん！」とのこ

とで、あれよあれよとお尻をつかまれてめでたく子猫が保護されました。薄茶白のその男の子は、お揚げ色ということで「おあげ」と名づけました。我が家にやってきたときはまだ生後2ヶ月の子猫でしたが、お姉たん大好きでいつでもそばで同じ

アフター

おあげ（左・6歳）、あんみつ（9歳）

ことをする甘えん坊でした。子猫サイズのものも置いてあるのに、成猫用の大きな爪とぎベッドでお姉たんの真似をしているのがとても可愛かったです。優しく、ときには厳しく指導してくれるあんみつのおかげで、すぐに我が家にも人にも馴れ、大きくなってからもいつでも後を追ってくっついて真似をする甘え上手なお姉たん大好きBOYになりました。

京都府 安嶋美知

まめ

（3週間♀）

"まめ"から成長

　2年前の雨が降ったり止んだりの肌寒い夜、子猫らしき声が響き渡りました。反射的に声の方角に走っていくと、深い溝の淵ギリギリに今にも落ちそうな子猫がいました。自分も落ちそうになりながらもなんとかつかみ捕獲。びしょ濡れで泥まみれ、ブルブル震えてるので着ていたダウンベストの胸元に入れました。周りを見渡しても親猫も兄弟猫もいないので連れ帰ることにし、すぐに動物病

院に連絡。夜でしたが先生が診てくださると言ってくれ、連れていきました。推定生後3週間前後、メスと判明。低体温のためしばらく病院で処置後、連れ帰り温めまくりました。名前は「まめ」に決定。あの日から2年が経ち、今は先住猫たちと大きさも変わらなくなりましたが性格は子猫のまま。末っ子のため、みんなに甘やかされています。

奈良県 ソレイユ

（2歳）

まる・てっちゃん・小黒・コモちゃん

左から、まる（♂）、てっちゃん（♂）、小黒（♀）、コモちゃん（♂）（全員3ヶ月）

大晦日にやってきた4兄妹

出会いは大晦日の夜、お母さん猫が子猫たちを引き連れて現れました。その後、2〜3ヶ月ごはんをあげて距離を縮めていきました。先住猫が2匹いたため飼うことはできないと思っていましたが、全員我が家の子にする以外はないと心の中では決めていました。今では大きなデスクは猫ベッドと化しています。兄妹猫はケンカもするけれど仲良しで、一番強いのは紅一点の黒白猫の

小黒。ボーイズ3匹はみんな大の甘えん坊。甘え方が違うのも多頭飼いならではで、すっかり猫沼にはまりました。ですが、このおおらかで陽気な図々しい猫兄妹を先住猫はなかなか受け入れられず、多頭飼いの難しさも感じました。今は猫たちはお互いにちょうどいい距離を掴んでいるようです。

神奈川県 むうちゃん

左から、小黒、まる、てっちゃん、コモちゃん（全員2歳）

17

愛おしい 小さな背中

きゃりこ

写真・文 きゃりこの飼い主

初出:『ネコまる』46号（2023年）

　2020年の晩夏、私たちはある保護猫シェルターで1匹の三毛猫と出会いました。この年、子どもたちはコロナ禍で学校に行くこともままならず意気消沈していました。「こんなときだから猫を迎えたいという以前からの願いを叶えてあげよう」と思い、近所の動物病院に「保護猫を迎えたい」と申し出たところ、動物保護施設「アニマルエイド」を紹介してもらいました。

　家族4人でシェルターを訪ねると、夫が足下を歩いていた1匹の三毛猫を抱き上げました。それがきゃりこです。漠然と子猫に憧れていた子どもたちでしたが、その成猫と触れ合って心を奪われていくのがわかりました。私たちはきゃりこを迎えることに決めました。

猫の花瓶の硬質な乳白色と
比べると、きゃりこの白毛は
純白で質感も新雪か雲のよう

（3歳♀）

我が家に来てしばら
くは物陰に隠れること
もありましたが、次第
に高いところから家族
を観察するようになり、
やがて机や椅子の上
で眠るように。気づけ
ばすんなり我が家に馴
染んでいました。

そんな頃、膝の上に
いたきゃりこが私に背
を向けたまま、ため息
をついたことがありま

アフター

した。猫に不慣れな私の扱いに疲れたのでしょうか。しばらくしても私に背を向けて座るきゃりこに寂しさを感じていたら、ある人がインスタにこんなコメントを寄せてくれました。

「背中を向けるのは信頼の証とも聞きますよ」

申し訳なさが誇らしさに変わり、小さな背中が愛しくなりました。

（6歳）

21

きゃりこ

「抱っこして!」と力強い眼差しで見つめる

きゃりこは家族の状況や関係性を理解して、対応を変えます。一番甘えるのはごはん係の私に対してでしょうか。甘えた声で「くーん」と鳴いたり、目を見てウニャウニャと主張したり、前足を伸ばして抱っこをせがんだり。冬には布団の中で一緒に少し寝るようになりました。夫には複雑な感情があるらしく、ときに逃げ回ったり、ときに気を許して膝の上でうとうとしたりと不思議な関係です。

子どもたちには無邪気に振る舞ったかと思え

子どもたちは遊ばせるのが
上手で、高くジャンプした
り2本足で立ち上がったり
と動きでも家族を魅了する

ば、母親のような眼差
しを向けることもあり
ます。部活を引退した
娘がぼんやりしている
と遊びを仕掛けたり、
模試の結果に落ち込
む息子の膝に乗った
り、子どもたちは心を
見透かされているよう
だと驚きます。2人に親
しく身を寄せていると
きですら、甘えている
のか甘やかしているの
かわかりません。

　思えば私たちは選ぶ
立場にあったようで、
実は子どもを授かるよ
うにきゃりこに出会っ
たのかもしれません。

きゃりこ

まごうことなき見
返り美人に成長

きゃりこは猫エイズ
キャリアです。一緒に
暮らしていたホームレ
スのおじさんが施設に
入るのを機に保護さ
れた元外猫で、いっぱ
い苦労もしてきたこと
でしょう。でも迎えるこ
とにしたのは、きゃりこ
が可哀想だからではな
く、ただ可愛いと思っ
たからでした。愛しさ

枕元にはぬいぐるみの「うめ」。幼い頃の娘のお気に入りは今やきゃりこのパートナー

が増すほど「発症したらどうしよう」と不安に駆られることもあります。そんな私をマイペースに毎日を過ごすきゃりこが「大切なのは『今』だよ」と諭してくれるような気がします。

　悠然と窓辺に立つ小さな背中を見て、今日の我が家も安泰だと思う日々です。

ナナ

（1歳♀）

心がほぐれるまで

突然、我が家の庭に現れた子猫はとても警戒心が強く、近寄ることができませんでした。近くでごはんを食べてくれるようになった1歳の頃、捕獲器で保護。避妊手術後、元の場所にリリースしようと思いましたが、ナナちゃんは体がとても小さく、この先お外で暮らしていけないのではないかと思い、そのまま我が家の子になりました。全く人馴れしておらず常に姿を隠しているような子で

したが、日々ナナちゃんの心の変化が見えてきて、とても嬉しかったです。未だに家族の中でも特定の人にしか触らせないほど警戒心が強い子ですが、心を許した人には甘えてお腹を見せたり、膝の上に乗ってくるまでになりました。リラックスして大きなあくびをしたり、日向ぼっこをしたりして過ごしています。どんなに警戒心が強い子でも、時間をかけて愛情を注げば少しずつ変わっていくんだと実感しました。

神奈川県 あったんたん

（7歳）

ゆき

（2ヶ月♂）

弟からお兄ちゃんに

2歳のときから猫を飼いたいと懇願しつづけていた娘。まだ幼かったためペットを迎えるのは心配でしたが、5歳になっても娘の思いは変わら

ず、譲渡サイトで見つけた生後2ヶ月のゆきちゃんを譲渡していただきました。

とても優しい保護主さんで、人馴れをするようにと保護してから毎日抱っこをしてくれていたため、私たち家族にもすぐに懐いて抱っこさせてく

ゆき(上・1歳)、おもち(2ヶ月♀)

れました。名前は仮名でしたが、娘が「ゆきちゃんのままがいい！」と言ったため、そのまま「ゆき」になりました。ずっと猫と家族になりたかった娘は、保護主さんの自宅で初めてゆきちゃんを抱っこして自宅に連れて帰った感動を今でも忘れていないそうです。ゆきちゃんを迎えて約1年後、保護猫のおもち(当時生後2ヶ月)を妹分として新たに家族に迎えました。ゆきちゃんはお兄ちゃんになり、とても面倒見がよく、妹を溺愛してくれています。

茨城県 れいこ

モク

（2週間♀）

しあわせな
子育ての日々

　田んぼの溝に落ちて必死に助けを求め鳴いていたところを保護。当時生後2週間くらいでした。我が家に連れ帰り、助けたい気持ちでいっぱいで、3時間ごとのミルクもとても楽しみで愛おしい日々でした。モクと出会ってから毎日がとてもしあわせです。モクは私が歌を歌ったり、

（2歳）

誰かと電話していたりすると、真っ先に飛んできてお腹の上に乗って喉をゴロゴロ鳴らして寝ます。モクと暮らしてから猫の魅力に気づきました。モクのしあわせが自分たちのしあわにせです。これからもずっとずっと一緒にいてね。大好きだよ。

兵庫県 mimi

すいか

（1ヶ月♀）

七夕の雨に
運ばれてきた子猫

かなりの雨が降った七夕の翌日、猫の鳴き声に起こされ、窓から外を見ると子猫が自宅横の増水した用水路の中を泳いでいました。壁につかまりながら鳴いていて、おそらく母猫らしき猫の声も聞こえていました。とりあえずキャリーケースを持って短パンサンダルで外へ。近所の方が長靴で用水路に入り、子猫を保護。母猫は子猫の保護後もしばらく鳴いていましたが姿を確認できず、びしょ濡れの子猫をそのままにするわけにもいかず、タオル

で拭いて動物病院へ行きました。保護したことで結果的に母猫と引き離すことになってしまい申し訳なかったのですが、「生きたい」と必死に泳いで鳴いていたすいかちゃんに、「ありがとね」と保護したときを思い出しながら、抱っこして声をかけています。遊ぶの大好き、おやつ大好きで、成猫になっても子猫のようなところがある、天真爛漫な猫に育ってくれたすいかちゃん。これからも、健やかに育ってくれれば嬉しいです。

岡山県 cocoasalt

（3歳）

大ちゃん

（7歳♂）

安心しきった寝姿

　保護する以前、雨に濡れながらもちゅ〜るを貰いにやってきた猫。この数日後に保護し、大福の「大ちゃん」と名づけました。半年間は触ることすらできないくらい警戒心が強かったのが、3年経っ

アフター

た今では他のどの猫よ
りも撫でられるのが大
好きな甘えん坊になり
ました。ただ、抱っこは
異様に嫌がります。大
好きなぬいぐるみを枕
にしてスヤスヤ寝てい
ます。　　愛知県 ゾノ

（10歳）

私を見て！ 甘やかして！

おキャット様

写真・芳澤ルミ子　文・宮原万由子

初出：『ネコまる』47号（2024年）

「顔が全体的に薄く、マズルも薄い。目は丸くなく上まぶたが平行なので目つきが悪いと言いますか、ガン飛ばしているような表情。でも喉をぐるぐる鳴らしながら近づいてくるのが可愛いですね」。そう語るのはおキャット様の飼い主、城主ペネロペさん。おキャット様は凄みのある顔をしているが、実は大の甘えん坊で寂しがり屋で人好き。物心つく頃からずっと猫と暮らしているというペネロペさん曰く、その人懐こさは歴代随一だという。「おキャット様は極度の寂しがり屋で、猫よりも圧倒的に人が好き。私が車で帰宅する音を聞きつけると玄関で転がってお出迎えしてくれます」。

お腹を見せたゴロンポーズはおキャット様の得意技。「転がるときに『これから転がりますよ』という気配をビンビンに出して、まさに『ゴロン』という擬音が聞こえてきそうな転がり方をします。基本的に人の気配があるところで転がっているので、見てほしいんだと思います」。SNSではリビングや玄関などあらゆるところで得意げに転がるおキャット様の姿を拝むことができる。構ってほしがりのおキャット様は、朝は身支度に忙しい人間たちの動線上にゴロンと転がり、夜は人と一緒じゃないと眠れない。早く寝ようと鳴いて催促したり、うっかりリビングで寝落ちしてひとりぼっちになってしまったときには大きな声で鳴いて人を呼ぶ。自分から人のところに行くのではなく、一貫して人に自分のところまで足を運ばせるところは実に猫らしい。

まんまるもっちりボディとちょび
ヒゲ模様が魅力のおキャット様

（8ヶ月♀、写真・城主ペネロペ）

おキャット様は、ペネロペさんのお母さんの知人が保護した猫だ。木の上に登り、降りられなくなっていた子猫は、母猫とはぐれ、そのままでは生きていけない様子だったので迷わず保護を決めたそう。

猫はそのときすでに3匹飼っており、迎えることに迷いはなかったという。「家族全員猫が好きで、保護したり拾ったりしてずっと猫と一緒に暮らしていました」。

（11歳）

この持たれ方が好きらしい

　お家の子となったおキャット様はとにかく元気で家中を走り回るお転婆ぶりを発揮。顔や表情はツンとしていたものの、すぐに人に馴れたとい

う。「うちでの暮らしに慣れたのは、フーちゃんのおかげが大きいと思います」とペネロペさん。おキャット様がやってきた当時、家にはフーちゃん、

左からやっちゃん、フーちゃん、おキャット様、後ろにいるのが今も時折SNSに登場する御猫様（写真・城主ペネロペ）

やっちゃん、御猫様（おんねこ）の3匹がいた。三毛で長毛のフーちゃんは「菩薩猫」と呼ばれるほどおっとりした猫で、その寛大な心で同居猫たちを受け入れ

る、猫たちの信頼の厚い猫だった。おキャット様もそんな先輩猫の背中を見て、穏やかにすくすくと成長していった。

おキャット様

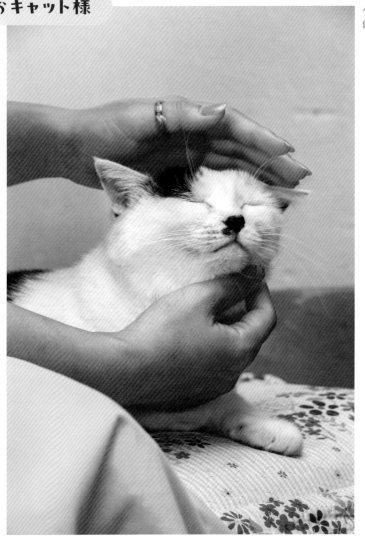

　おキャット様がペネロペさんのお家に来てから11年。さまざまな表情、ポーズを披露しては家族に笑いと癒やしを提供しているが、その魅力は家族だけにとどまらず、SNSでも大人気だ。「猫専用アカウントのつもりは全くなかったのですが、ゴロンと床に落ちている姿をアップしたところ、多くの人に見てもらえ

甘えてるのになぜか虚無の表情

るようになり、そこから頻繁に写真を投稿するようになりました。いまや私はおキャット様専属カメラマン。おキャット様もモデルとしての自覚があるのか単に見てほしいだけなのか、私がカメラを向けるといいポーズをしてくれます」。

個性豊かな表情、見てほしくて構ってほしくて家族の中心で己を貫きゴロンとポーズ。多くの人を魅了してやまないおキャット様にペネロペさんは言う。
「あなたがいいならそのままでいて」

私が猫を見つけたら

文・高橋美樹　監修・なみねこの会　写真・なみねこの会、高橋美樹、猫びより編集部

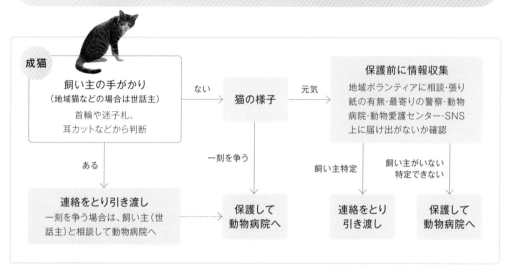

成猫

飼い主の手がかり
（地域猫などの場合は世話主）
首輪や迷子札、
耳カットなどから判断

── ない → **猫の様子** ── 元気 →

保護前に情報収集
地域ボランティアに相談・張り
紙の有無・最寄りの警察・動物
病院・動物愛護センター・SNS
上に届け出がないか確認

↓ ある

連絡をとり引き渡し
一刻を争う場合は、飼い主（世
話主）と相談して動物病院へ

一刻を争う ↓

**保護して
動物病院へ**

飼い主特定 ↓

**連絡をとり
引き渡し**

飼い主がいない
特定できない ↓

**保護して
動物病院へ**

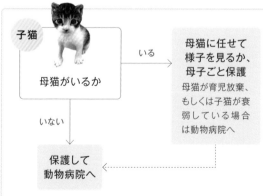

子猫

母猫がいるか

── いる →

**母猫に任せて
様子を見るか、
母子ごと保護**
母猫が育児放棄、
もしくは子猫が衰
弱している場合は
動物病院へ

↓ いない

**保護して
動物病院へ**

猫の社会化期は思っているより短く、生
後2ヶ月程度（体重1kg前後）でも警戒
心が出てきます。保護できるのであれば、
なるべく早く保護することをおすすめしま
す。そして子猫を保護するのであれば、
必ず母猫のTNR[※]も実施しましょう。

※TNR……T（Trap：捕獲器で捕獲すること）、N
（Neuter：不妊手術）、R（Return：元の場所に戻
し、適切な管理のもと一代限りの命を見守ること）

保護するか見極めよう

保護したい猫に出会ったら、その猫が本当に保護を必要としているのか冷静に判断しましょう。その際、飼い主がいる猫なのか、子猫か成猫かでも対応は異なります。ただし、どんな猫でも負傷していたり衰弱状態にある場合には、一刻を争うことも。まずは左記のチャートで確認してみましょう。

外で出会う猫の場合、その猫に飼い主がいるかどうかの見極めが必要です。なぜなら飼い猫の場合、所有権は飼い主にあるため、よかれと思って勝手に保護しても後々トラブルになることもあるからです。首輪をつけていれば、飼い猫が散歩に出ているだけのケースもあるため、保護する必要がないかもしれませんし、耳カットされている「さくら猫」(ボランティアによって不妊手術を施された猫)の場合は、地域の人たちに世話され、可愛がられている地域猫かもしれません。その場合には、地域の理解を得てから保護しましょう。ただ、怪我をしていたり衰弱しているなど、急を要する場合は、飼い主(地域猫の場合は世話主)の連絡先を探し出して判断を仰ぐか、場合によっては同時進行で動物病院へ急がなければ、命にかかわる場合もあるかもしれません。

特に離乳前の子猫の場合は、育児は本来母猫に任せるのが一番といえます。しかし、母猫が育児放棄してしまっていたり、子猫が衰弱している場合には一刻を争うため、すぐに保護の準備を進めましょう。

また、猫自体は元気な場合でも、外の猫たちには常に危険がつきまといます。交通事故が懸念される危険エリアだったり、昨今の急激な気候変動で、外での環境はますます厳しくなっており、場合によっては一時保護が優先されるケースも。そこは状況を見て臨機応変に対処しましょう。

そして、猫を助けたい一心で保護しても、自分が飼育できるのか、もしくは里親が見つかるまで一時預かりができるのか、その他の預かり先のあてがあるのか、また治療内容によっては、思いがけず高額になることもある医療費の負担ができるのかなど、その場の感情に流されずに冷静に判断しておくことも大切です。

捕獲方法

専用捕獲器で

直にキャリーケースへ

ソラ

（3ヶ月♂）

三つ子の魂百まで

友達の友達が保護活動をしていて、里親募集のSNS投稿が転送されてきました。下の息子も

高校生になって子育てに手がかからなくなったのもあり、これまで猫とは無縁の人生でしたが、保護猫ちゃんならば家族にお迎えしようかと家族で意見が一致しました。その後、友達経由で

アフター

（3歳）

連絡をとり、無事我が家にやってきました。うち
に来てすぐの頃、猫風邪をひいてしまったときは
どうしたもんだか焦りましたが、無事大きくなり
ました。お迎えするときに保護主さんからいただ
いた段ボールのネコ鍋が今でもお気に入りです
（ボロボロになってきてテープで補修……）。

愛知県 ソラうみ

カプ

（1ヶ月♀）

夜中の捜索

　夜中に急に大きな鳴き声が聞こえてきて次男と探すこと2時間近く。草ボーボーの溝で子猫を見つけましたが、溝の横にある2、3メートルはあるかという急な塀を一生懸命に登って逃げてしまいました。その後も塀の辺りを探しましたが見つからず、近くにごはんを置いてうちの家の前にもごはんを置きその日は帰りました。次

アフター

の日、長男の車のエンジンルームで鳴いているのを発見。整備士さんに救出していただきました。うちにはすでに先住猫が2匹いましたが、絶対うちで育ててあげたいと思いました。今ではふかふかで温かいところが大好きな子に育ちました。もみもみしてから眠るのが日課です。

奈良県 はるるん

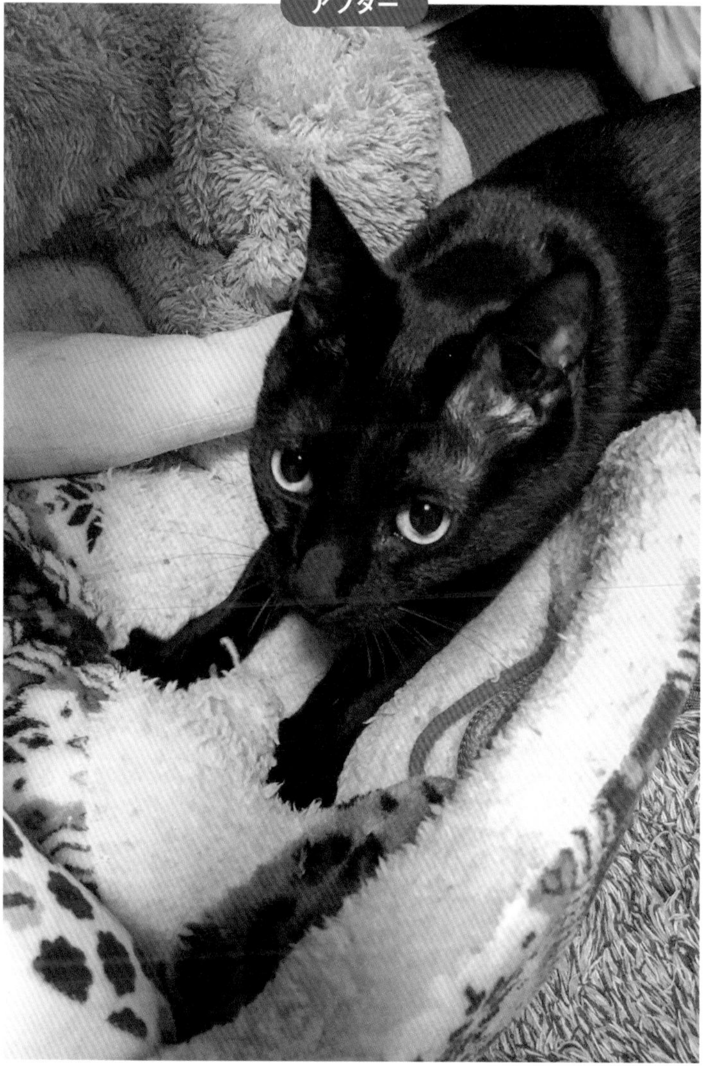

（3歳）

スダチ

（3ヶ月♂）

母が結んでくれた縁

母の一周忌法要で久しぶりに会った親戚から、その親戚の家に通ってくる子猫の話が出ました。ちょうど茶トラのライチを保護したばかり

で、もう1匹お迎えしようかと思っていたところだったので、うちに迎え入れることに。初めはスダチとライチはお互い威嚇し合っていましたがその日のうちに匂いを嗅ぎ合うようになり、次の日からは威嚇することもなくじゃれたり毛づくろい

ライチ（左・6歳♂）、スダチ（6歳）

をして一気に仲良くなりました。今ではスダチの
わがままをライチが上手に受け止めたり受け流
したりしている関係です。母の命日に我が家に
来てくれたすーちゃん。食いしん坊でわがままで
甘えん坊で我が道を行く可愛い可愛い次男坊

です。保護した当初は痩せっぽっちで心配しま
したが、あっという間に7キロにまで成長してくれ
ました。立派な体格に似合わず可愛い高い声で
甘えてくれます。　　　　　　　　福岡県 ふぃめい

51

まとい

（3歳♀）

家に迎えて
5時間でゴロン

　野良猫の子どもで
4匹保護されたうち、
生き残ったのはこの子
だけだったそうです。
保護施設から家に来
てすぐに毛づくろいし
たり膝の上に来たり
と、度胸がある子でし
た。とにかく人が好き
でストーカーのように

付きまとってきます。ビフォー写真はうちに来てまだ5時間くらいのときのものですが、簡単に心許し過ぎてへそ天していました。へそ天スタイルは今も変わらず、布団で爆睡しています。　愛知県 まむさん

（5歳）

ビフォー

マリー

（1週間♀）

先住インコとも
仲良しに

　スーパーの駐車場
で段ボール箱に入れ
られて捨てられていた
ところを保護。生後2ヶ
月くらいまでの子猫に
見られる青い瞳のキ
トンブルーや、白猫が

アフター

（8歳）

子猫のときに額にあらわれる色斑、キトンキャップが見られるほど小さかったです。保護したときは、正直ドキドキでした。なぜなら私は猫嫌いだったからです。ずっと飼っているインコのケイくんと同居できるのかを頭でグルグル考えていま

した。しかし、「見放す=死んでしまう」と思ったとき、保護して飼う決断をしました。猫と鳥はお互い苦手だろうと思っていましたが、天敵というイメージが払拭されて驚きました。現在、マリーとケイは大の仲良しです。

千葉県 ike2910

頼りになる
お兄ちゃん
マナくん

写真・文 コンドリア水戸

初出：『ネコまる』45号（2023年）

マナくんを保護団体からお迎えしたのはおよそ8年前。マナくんはもともと外で生まれた野良猫で、面倒を見ていた高齢の方がいたようなのですが猫が集まって面倒を見切れなくなり、締め出されて路頭に迷っていたところを保護されたそうです。リターン予定で去勢後に耳カットをしたそうですが、気弱な性格のため外で生きていくのが難しいと判断され、里親募集したとのことでした。

募集を見てすぐに保護されていたシェルターに面会に行きましたが、マナくんはかなり臆病で人間も苦手だったのでものすごく怯えていて、なんとか私と妻から遠ざかろうとシェルターの隅のキャットタワーの上に逃げてこの世の終わりみたいな顔をしていました。保護主さんも困って「この子はやめておきますか……？」と別の子を紹介されそうになりましたが、とても可愛くて賢い子だと感じたので、その日のうちにお迎えを決めました。

私と妻に馴れるまでには結構な時間がかかり、懐かないかもしれないことは覚悟の上でしたが、いつのまにか大の甘えん坊に。心を開いてからは大きな体をいっぱいに使って濃厚に甘えてくる大きな赤ちゃんになりました。頭をぐりぐり顔に押し付けてきたり、布団に潜り込んで添い寝してきたり、とにかく甘えのバリエーションをどんどん増やしてきてまるで甘え技のデパートです。

充電中です……むにゃむにゃ

（10ヶ月♂）左にいるのは先住猫のチカちゃん

　そんなマナくんは、体長が長く骨格もしっかりしていて物理的にとてもデカいです。それにくわえどこでも寝るので、場所によってはとても差し障りがあることがあります。とくに就寝直前。ダブルベッドなのにマナくんを間に挟んで夫婦で寝ると弾き出されそうなくらい幅があります。いつも二人で顔を見合わせて「いやぁ、デカいね」「うん、デカい」と感心しています。また、なぜか人間の枕を使って仰向けに寝ることが多く、ベッドにおっさんが寝ているような光景を度々目にするの

アフター

（9歳）

で、うちは私以外にもおっさんがいると錯覚します。とても大物感のある猫です。

　うちにはほかに4匹の猫がいますが、マナくんが一番年上で一番先輩です。おおらかで優しく面倒見がいいため、みんなにとって安心できるお

兄ちゃん的存在だと思います。基本的に5匹の猫たちは仲がよく関係は良好ですが、マナくんは特にみんなから好かれているようで、必ず誰かくっついて寝ています。基本的に猫に対して来るものは拒まずで、他の猫が多少強引に身を寄せてき

マナくん

おうちに来たばかりの頃

ても優しく毛づくろいをしてあげています。また、新入り猫がうちの中を初めて探検するときには付き添って歩き、まるで新人研修をしているようなことがこれまで何度かあり、お兄ちゃんの自覚

があるのか、デキる管理職のような懐の深さがマナくんにはあります。

マナくんはとても賢くて、まるで人間のように空気を読んだり他の猫の特技の真似ができます。今

家猫になって7年経過の堂々の貫禄

は亡きお兄ちゃん猫の得意技だった後ろ足で人間の足をトントンと叩く技や、弟猫の特技である後ろ足で立ち上がって人間にタッチする技など、それをやると人間が喜んでいると認識したらすぐに真似してできるようになりました。マナくんは、今まで一緒に暮らしてきた猫たちから色んなことを学び、我が家の猫たちの生き字引としてデカい柱のようにみんなを支えているビッグな存在です。

肌寒い日は毛布も駆使するベッド使いの達人

　家族に対してはすごい甘えん坊なのに家族以外の人間は全くダメなマナくんを、この世で私と妻だけにしか心を許していない貴重な宝物のように思っています。幼少期には外で大変な経験もしてきたはずなのに、他の猫たちに等しく優しい生まれつきのおおらかさ、穏やかさもとても愛しく思っています。猫たちの長兄として、私たち夫婦の甘えん坊なビッグベイビーとして、いつまでもでっかく元気に我が家のど真ん中に居座ってください！

上からマナくん、なだちゃん、ボス。きょうだい水入らずの時間

ビフォー

まう

まう（左・3ヶ月♂）、もか（4歳♀）

逆転凸凹コンビ

　この写真は、まうが我が家に来て家での暮らし
に慣れてきた頃です。育ち盛りのまうはもかのご

はんを食べに来ていました。今も並んでごはんで
す。うちに来たばかりのときは700グラムしかな
かったまうは今では7.5キロの大きな子に成長し
ました。先住猫のもかは3.5キロなので、小さい頃

まう（左・5歳）、もか（9歳）

とは逆転した凸凹コンビです。まうは身体は大き
いけど、気が小さくて臆病。でも、もかに好き放題
されても怒らない、優しい子です。

富山県 miruku3412

マロ

(1歳♂)

間一髪の救出劇

　保護する以前から、マロには毎週ごはんをあげに行っていましたが、いつもなら一番乗りだったはずなのに、この日はひどい猫風邪のためしんどそうに最後に現れました。すぐさま鞄に入れて動物病院へ。病院の帰りに

アフター

（3歳）

は吹雪になり寒波が到来しました。偶然のタイミングでの保護となり、今思うとこのときに姿を見せなかったら今のマロくんはいなかったでしょう。外猫時代は暴れん坊だったのに、保護して数日間何も食べず、夜中に涙目でクシャミをし心配で寝られなくて何度も病院に行きました。それから約1年半、外猫時代と違いまん丸な体型に。一緒に楽しく遊んで疲れ果てると、満足したのか安心した表情で寝ています。こんな姿を見ると外猫時代のマロくんを思い出します。　広島県 高場高治

ユキ

（0歳♀）

愛犬が運んできた出会い

　2018年10月、実家の愛犬ハチの散歩中、河川敷の草むらの中からハチがむんずと子猫をくわえてきました。声はかすかにしていたものの、草の高さで子猫らしき姿が確認できなかったときに、ハチが発見してくれました。後に量った体重は280グラム。エプロンのポケットに入れて帰宅しました。パステル三毛

の猫ですが、小さな頃は色があまり出ておらず、粉雪のようにホンワカしていたので、ユキと命名しました。今では態度も体格も三毛色も立派になりました。保護した頃はごはんが上手く食べられなかったものの、その後はずっと食欲旺盛。大きくなれたことが嬉しいです。　東京都　末猫

（5歳）

クロ

（2歳♀）

シロクロ

（2歳♀）

甘えん坊の白黒姉妹

　2匹は近くの家で生まれた姉妹で、よくごろごろしていたり近所の子どもにパンなどをもらっていたみたいです。たくさん野良猫がいたのでごはんにありつけない日もあったみたいです。冬の寒い時期に我が家に来たので、そのときの私の腕枕の心地よさに惚れたのか冬になると腕枕してと布団に来ます。体は大きくなったなぁと思いますがまだまだ甘えん坊で赤ちゃんみたいです。姉

妹なので部屋でも一緒にいることが多く夏でもくっついています。冬は体を寄せ合ってふかふかベッドで寝ています。特にクロちゃんは、私がいないと不安でおもちゃをくわえて探し回るので、ずっとお外で寂しかったんだな、と涙が出るときもあります。　大阪府 みぃ

クロ（左・5歳）、シロクロ（5歳）

との

（3週間♂）

鳴き声を聞いて泣きながら保護

子猫が実家の物置で鳴いていて、親猫が来ると信じて待っていましたが、それらしき姿は見かけたものの子猫のもとには行っていない様子で3日が経過。子猫の鳴く声がどんどん小さくなっていく……ので、我慢できずに保護！ 泣きながら動物病院に連れていきました。受診時165グ

アフター

（9歳）

ラム、目は目やにで開かず低体温でお腹空っぽ状態。動物病院から自宅に連れ帰ると、湯たんぽの上でポケーっとしていました。それが今や6キロ超のビッグボーイ。飼い主を常日頃からストーカーしている甘えん坊です。母猫らしき猫も今ではさくら猫となり、実家の庭で猫生を満喫しています。

埼玉県 ゆみくじら

2人と2匹の しあわせなおうち暮らし

ささみ

写真・文 原田佐登美

初出：『猫びより』130号（2023年）

　ささみは2021年の冬頃から、何度か庭や裏の雑木林で見かけた猫で、近所のお宅でごはんをもらっていた。「しばらく見ないと思っていたら右前足をプラプラさせながら現れたんです。心配だったのでパパに連絡して相談し、動物病院に連れていくことにしました」とささみのママは言う。

　顔見知りの子だったので、ごはんを与えて食べている間にひょいと捕まえることができた。幸い骨折はしていないものの、筋を痛めていて、右後足から出血、爪も剥がれていて満身創痍の状態だったため、一時保護することに。その際に獣医さんから、「段ボールで囲うだけでいいので人目を避けて落ち着ける場所を作ってあげて」と言われて、簡易的に段ボールでささみのための猫部屋を作ったのが、ささみとの生活の始まりだった。

　初めはリリースすることも考えていたという2人。「猫を飼ったことはなかったので、責任を持てるかな、とか外にいた方がささみも楽しいんじゃないかな、とかいろいろ考えて、お迎えすることに踏ん切りがついていませんでした」。しかし、部屋の中で一緒に過ごし、あれこれと世話を焼いて身を案じているうちにどんどん情が移っていった。

　病院へ数回通っている中で、「名前をつけてあげてください」と言われたのが決定打となり、家族として迎えることに決めたという。名前はパパの案で「ささみ」に決定。甘えん坊でちょっとワガママだけどおおらかで細かいことは気にしない性格だ。

腰とんとんが大好きなささみ

ささみ

ビフォー

（4歳♂、写真・ささみとホルンのパパママ）

　　パパママは猫飼い初心者だったこともありさ
さみへの心配は尽きなかった。ささみが猫エイズ
キャリアと知ったときも目の前が真っ暗になった
というママさん。しかし、猫エイズは免疫力を下げ
ないことが大切と知り、歯磨きや耳掃除などこま

めなケアを欠かさず行っているそうだ。ケアだけ
でなく猫のおもちゃでもたくさん遊び、できるだけ
ストレスのない生活を送れるよう気を付けている
という。定期的な動物病院通いのおかげもあっ
て、ささみは元気いっぱいに毎日を過ごしている。

アフター

（6歳）

　ささみを迎えて1年経った頃、「ささみが庭に来る地域猫とおしゃべりしているのを見て、もしかして友達が欲しいのかなと思い、2匹目のお迎えを検討し始めたんです」。

　初めはささみとの相性を考え保護猫の中でも子猫のお迎えを検討していたが、里親募集サイトでは子猫はどんどんおうちが決まっていくのに、成猫たちはずっと掲載されたままだった。そこで、ささみとの相性がよければ猫の年齢関係なくお迎えしようと決めたという。

保護翌日には撫でさせてくれたという大物（写真・ささみとホルンのパパママ）

　近くにある保護猫カフェに相談し、何匹か写真を送ってきてくれたうちの1匹の可愛さに目が止まった。アパートで多頭飼育されており、アパートが取り壊されて外に放り出されたところをボランティアさんに保護された、猫エイズキャリアの白黒猫だった。

　「ささみがエイズキャリアだったのと、エイズキャリアの子を積極的に迎えたいという家庭も少ないだろうと思ったので、それならばうちに迎えたいと思いました」。トライアルを経て2022年7月、晴れて家族の一員となったその子は、保護主さんがつけてくれた仮名のホルンをそのまま引き継いだ。

ささみもホルン（7歳♂）も毎日
たくさんの愛を注がれている

　ホルンはなでなで大好き
の生粋の甘えん坊。対称
性脱毛症の治療で月一の
病院通いだが、通院するホ
ルンをささみが扉の前で
心配そうに見ている様子
に、パパとママは2匹のきょ
うだい愛を感じるそうだ。
　猫を飼ったことがなくと
も、小さな勇気と優しい心
で猫たちを迎え入れ、猫に
関する正しい知識を調べ、
困ったときには周りの意見
を求める。2匹のしあわせ
のためならば、どんな労力
も惜しまず前向きに行動
するパパとママに、ささみと
ホルンはこれからも存分に
甘え愛されて、しあわせな
姿をたくさん見せてくれる
だろう。

私が猫を保護するには

文・高橋美樹　監修・なみねこの会　写真・なみねこの会、猫びより編集部

捕獲・保護の準備をしよう

　保護すると決めたら、猫を捕獲する準備を始めましょう。地域猫の場合は、世話主さんにその旨を相談して同意を得ましょう。何度かその地域に足を運び、あなたの誠意と熱意が伝われば、きっと賛同してくれ、心強い協力者になってくれるはずです。

　子猫や衰弱している猫の場合、まれに簡単に捕獲できることがあるかもしれませんが、素手での捕獲は怪我の危険が伴うこともあります。その際には長袖・手袋などを装着しましょう。飼い猫の場合、万一の脱走や事故に備え、病院側から洗濯ネットに入れた状態での診察を勧められることが多いですが、外猫の場合は興奮して大暴れする可能性もあり、無理は禁物です。キャリーは布製ではなく頑丈でハードなものを、底には失禁・嘔吐対策で事前にペットシーツを固定しておき、外からキャリーごと布などで包んで移動すると、興奮状態の猫を落ち着かせる目隠しにもなり、同時にキャリーの破損による脱走も防げます。

　また、どんなに人馴れしていても、外の猫は警戒心が強く、捕獲しようとした途端にパニックになり豹変することも。その際には専用の捕獲器が欠かせませんが、安価に売られている市販品は構造に問題があったり、猫が怪我をしてしまう危険性のあるものも多く出回っており、おすすめしません。それに、捕獲には初心者には難しい段取りや手際のよさが欠かせないため、捕獲に慣れた地域ボランティアから直接レクチャーを受けて借りることをおすすめします。世話主さんや各自治体の愛護センターなどに、一連の相談にのってもらえそうな人を紹介してもらえないか問い合わせてみましょう。

　捕獲器の場合はペットシーツは外側から貼り付け、上からバスタオルや布をかけて暗くし、そのまま動物病院へ（いずれも季節により温度調節にも配慮を）。ただし、外猫の処置や捕獲器の扱いに慣れていない病院も少なくないため、事前に地域ボランティアに外猫の初期医療に慣れた病院を紹介してもらうのが安心です。元気そうに見えても、外の猫は寄生虫がいたり、思わぬ疾患を抱えていることも多いので、まずは全身の健康診断をしましょう。

捕獲のために準備するもの

誘導用の
フードやおやつ
(匂いの強いもの)

バスタオル

軍手・ゴム手袋など

ペットシーツ数枚
(失禁・嘔吐対策)

イラスト・すしず

脱走防止対策も念入りに!

外から保護した猫、保護団体から譲渡された猫たち
は、環境の変化による不安から移動後間もなくで脱
走してしまうことも少なくありません。せっかくしあわ
せにするために保護した猫たちを不幸にしないため
にも、お迎えの前に念入りに対策しておきましょう。

ケージ 環境に慣れるまでは、結束バンド等で補強したケージでお世話を
玄関ドア 柵を付けて二重扉に
窓 柵や窓ストッパーの取り付け
ベランダ 脱走が多いので、原則は出入り
禁止に

定期的に歪みチェックやメンテナ
ンスを行い、人が出入りする際は
毎回注意を払いましょう。

ちなみに… 捕獲器ってどんなもの?

捕獲対象の動物が中に入り、踏み板
を踏むと扉が閉まる仕掛けになって
おり、一見怖いイメージを抱く人もい
るかもしれませんが、外の猫を捕獲
するには一番負担が少なく確実な方
法です。猫が現れる餌場などに扉が
開いた状態で置き、猫が反応しやす
い匂いの強いフードなどを少しずつ
散らして、踏み板の奥まで誘導する
ように配置しておきます。警戒心の
強い猫は、捕獲器自体に警戒して寄
り付かない可能性もあるため、最初
は扉が閉まらないように固定したま
まフードだけ食べられる状態で慣れ
させる手もありますが、虐待目的で
の盗難などを防ぐためにも、捕獲器
を設置した際は置いたまま目を離さ
ず、管理の徹底を(見守りカメラを使
用する手も)。いずれにせよ、失敗し
てしまうと猫の警戒心をさらに煽っ
てしまうた
め、手慣れ
た人のアド
バイスを仰
ぎましょう。

カツラ

(4ヶ月♂)

子猫の頃からのびのびにゃんこ

カツラは静岡の動物病院で保護された猫で、縁あって車で迎えに行きました。約180キロの

遠距離ドライブにも動じず、新居のコタツの中でスーパーリラックス！ まるで酔っ払いが寝ているみたいでした。7歳になっても身体は伸ばしがち。ただ、ちょっとメタボ気味の6.5キロで、僕と一緒

（7歳）

にダイエットに取り組もうと話しているところです。子猫のときに保護先の茶トラのおじいちゃん猫に可愛がられていたからか、物怖じしない活発な子猫でしたが、我が家の子になってから家族以外には心を許さない内弁慶になってしまいました。お客様には決して近寄らず、インターホンが鳴ると文字通りの「ピンポンダッシュ」です。

東京都 じゃんちゃん

ビフォー

母猫、しめじ、くろ、こんぶ、えのき、ねぎ

母子6匹を保護

　結婚後、新居に引越し部屋も広くなったので
そろそろ猫を迎えたいねと夫と話していた頃、あ
る日ベランダで洗濯物を干していたらどこからと
もなく「ミー、ミー」という声が。望遠鏡でベランダ

から探すと近くの建設会社の資材置場でピョコ
ピョコ飛び跳ねる子猫5匹と母猫1匹を発見。建
設会社に許可を得て、朝晩ごはんを持っていく
こと約1週間。近くの野良猫専門病院のスタッフ
さんの協力を得ながら6匹みんな保護しました。
そのままそちらの病院で避妊手術をし母猫は元

いた場所にリリース。子猫たちは我が家で引き取りました。1匹（こんぶ）は友人の知り合いへ、ぜひ2匹兄弟（えのき、ねぎ）を！ と言ってくれた里親さんにはご自宅訪問をした上で送り出しました。残る2匹の姉妹（しめじ、くろ）はうちの子になりました。離れていても兄弟やお母さん猫のことはずっと大切に想っています。生まれてからずっと一緒のふたりは、寒くなる季節は毛布を掛けた冬仕様のお気に入りの丸クッションで毎日あっちやこっちを向いたり、乗っかったり乗っかられたり、仲良くしあわせそうに過ごしています。生まれてからずっと一緒の姉妹なのに、性格は全く逆。キリがない程のエピソードがありますが、さらに保護猫団体からやってきた妹猫が増えて毎日楽しく賑やかな我が家です。

兵庫県 ちめくろまめママ

しめじ・くろ

しめじ（左・4歳♀）、くろ（4歳♀）

ビフォー

まろん

（1ヶ月未満♂）

頼りになる存在

　産まれてから10日ほどで母猫に置き去りにされてしまっていた子猫を保護。2～3時間ごとにミルクを与え

アフター

（9歳）

ました。猫風邪が治った後、猫カビの治療のために毎日お風呂に入れていたので現在もお風呂好き。大病をした主人の癒やしの存在です。今年は災難に遭ったのですがいち早く異変に気づき起こしに来てくれてかなり助かりました。撫で

てほしいときはじっと見つめてきます。最近は子猫が来たのでちょっと遠慮がちに鳴いて呼びますが、子猫の子守りもしてくれています。

大阪府 まーちゃん

87

新八

（2ヶ月♂）

保護期限が迫る中

友人から保護期限が迫っている子がいると聞いて、施設に見に行き新八に出会いました。次々と家族が見つかる子たちがいる中、新八には希望者がなく、保護期限が明日に迫るタイミングで家の子にしようと決意しました。新八を抱きかかえたとき、助かったことがわかったのか安心した顔で私に身をゆだねてくれました。そのとき、こんな小さな子が恐怖と闘っていたんだなと思うと胸が熱くなりました。

アフター

（10歳）

初めてお家に来たときから威嚇したり隠れたりすることもなく、お部屋の真ん中で寝てしまうマイペースな子でした。自分の名前をすぐに覚え、名前を呼ぶと振り向いてじっとお話を聞いてくれるとてもお利口な子です。父が作ってくれた手作りのキャットタワーで日向ぼっこをするのが好きで、暖かい日差しに包まれながらウトウト気持ちよさそうにお昼寝をしています。のんびり屋でマイペースな子でしたが、後から仲間入りした後輩たちのリーダーとして、今は威厳を保っています。　　　神奈川県 宗次郎

じゅりあん

（0歳♂）

運命の出会いは
あっさり?

　子猫が家の車の下にいるのを見つけ、まさか素手で捕まるわけないよね、と思ったらあっさり捕まえられました。すぐに先住猫のかかりつけ動物病院へ連絡し診察していただきました。近所で何度も見かけていた子で、大きくなったら警戒心が強くなるし保

（10歳）

護が難しくなると周りに言われていました。すぐに里親さんも見つかりそうだと思い保護しましたが、結局うちの子になってくれてよかったと思っています。食いしん坊に成長し、先住猫のごはんも食べてしまいます。病院でも怖がることなく先生に「じゅりちゃんここ病院なんだよ〜」と言われています。自由奔放で猫らしいです。猫たちに出会えたことが人生最大のラッキー。私の人生賭けてこの子たちを宇宙一しあわせにするのが私の叶えるべき夢で目標です。　　　　東京都 みど

個性派アイドル

磯辺海苔男

写真・文 原田佐登美

初出:『ネコまる』47号(2024年)

愛知県岡崎市の和菓子屋「櫻園大平店」で働くマリリンさんの愛猫「磯辺海苔男」くんは、頭に海苔がくっついたような柄と切ない顔で、SNSで紹介されるや一気に人気者に。海苔模様だけでなく、お餅のようなふわふわボディーも可愛いポイントだ。

マリリンさんがそのおでこの奇跡的な模様から「海苔男」と命名したとき、娘さんが「磯辺餅みたいだから、磯辺海苔男がいいよ」と言うので苗字もつけたところ、ネット上では「ネーミングセンス最高」「海苔のってるよ? って言ってあげたい」など大きな反響があった。

マリリンさんは「海苔の顔は、人間っぽいなと思っていつも見てますね。大きい音だとか他の猫が走り回ったりすると顔に出て、本当に迷惑そうな表情をします。〝被害者面〟が凄いのでそれがまた可愛いですね」と嬉しそうに語る。

海苔男くんはマリリンさんが大好き。大きな身体と顔を触ってほしくて、常に周りをウロウロ。ソファーに座っていても体をピッタリと横に付けてくるそうだ。マリリンさんの顔を見るだけでゴロゴロ言うしあわせな猫は、一体どんな経緯でやってきたのだろう。

磯辺餅やおにぎりにもそっくりな個性的な前髪模様

（4歳♂）

近所の外猫がいるエリアで、以前からボロボロな状態で歩いている猫を見かけていたマリリンさん。だんだん弱って痩せていくのを見るに見かねて保護しようと決意し、2022年冬より、猫友達にも協力してもらいながら仕事が休みの日に何台も捕獲器を設置し、約2ヶ月かけてトライした。が、過去に一度TNRのために捕獲器に入った経験もあって、なかなか捕まってくれなかったそう。やきもきする日々が続いたが、2023年1月31日の珍しく雪が降るほど寒い昼、近所の国道沿いをヨロヨロと歩いていたところを、やっと捕獲器を使っ

て保護することができた。

海苔男くんはまとわりついて甘えたり家族団らんの食卓でコタツに入り一緒にくつろいだりと、人間の生活に馴染むのがとっても早い猫だった。

「海苔は猫エイズキャリアのため、他の猫とは違うリビングで1匹で過ごしています。他の猫をリビングに入れると人間のものを食べたりイタズラしたりと大変なことが多いんです。だけど海苔は、人間の食べ物を食べようとしたり、袋を噛んだり、物を引っ張り出したり等のイタズラが一切無いんです。とにかく大人しくて賢いなと感じます」とマリリンさん。

（5歳）

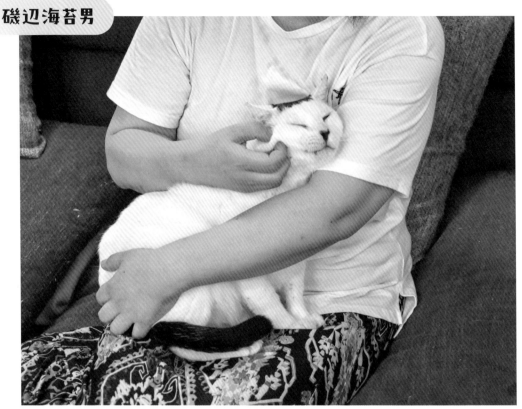

大好きなマリリンお母さんに今は思う存分甘えられる

今まで約230匹もの猫を保護して、約200匹を譲渡してきたというマリリンさんが働く和菓子屋「櫻園大平店」では、里親募集中のポスターが貼られていたり、売上の一部が保護猫活動に使われる海苔男モチーフの「保護猫クッキー」や、

海苔男焼印が押されている焼き饅頭「のりやん」が販売されている。20年ほど前に、病気で瀕死の状態の子猫を一家で保護したのがきっかけで、保護活動を始めたというマリリンさん。「子猫の弱った姿が忘れられず、屋外で猫が生きてい

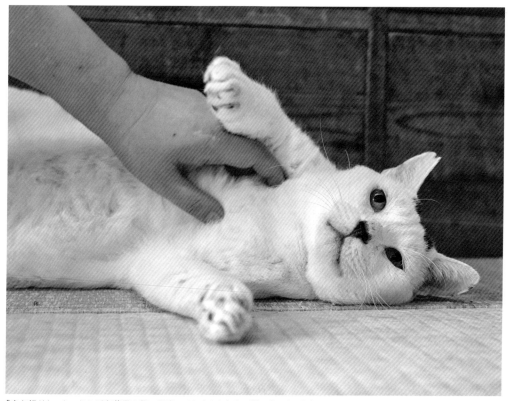

「変な顔だなーというのが海苔男の第一印象。でも忘れられない猫になりました」とマリリンさん

く過酷さを知りました。少しでも不幸な猫が減るようにとの思いで、保護活動を続けています」。

　猫たちがいるのは自宅だが、お店では海苔男柄のポーチ・布コースター等の小物も販売。映えスポットとして海苔男フェルト人形も飾られてい

る。海苔男くんは全国にファンを増やすとともに、保護猫について知ってもらうきっかけとなる、ますます大きな存在になっていくことだろう。

とらじ

（2ヶ月♂）

全部知りたい!

コロナ禍の頃、住まいの環境を変える決断を
し、猫をお迎えできる準備を整えました。そこから
毎日のようにネットで里親募集の情報をチェック
していたある日、家族が保健所のサイトに可愛い
茶トラの子猫の写真を見つけました。直感で、こ
の子だ! と強く感じてすぐに保健所に連絡し、お
迎えに行きました。うちに来た当初は400グラム
ほどでしたが、現在は6.5キロまで成長。小さい

アフター

（3歳）

頃から一緒に過ごしたペンギンのぬいぐるみと未だに遊んでいたり、野生だった頃のかけらもなくお腹を触られるのが好きで、よくへそ天で寝ています。寝ても覚めても、とらじの全てが知りたくてたまりません。寒くないか、暑くないか、お腹減っ

てないか、水は飲みたくないか、気持ちのよいところはどこか、どんな遊びがわくわくするのか、どこで心地よく眠れるか、興味はつきません。これからもずっとずっと見つめさせてくださいね！

福島県 とらじ推し担

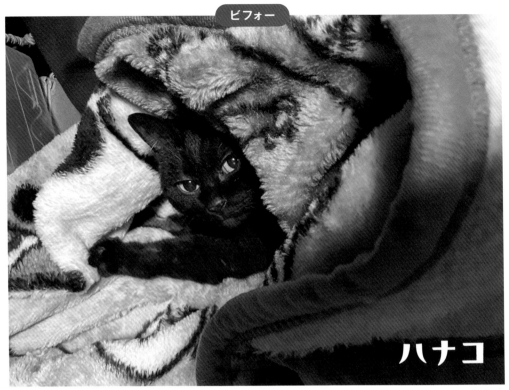

ハナコ

（9歳♀）

毛布籠城からへそ天へ

ハナコは、2023年3月に保護団体の方が保護し、同月下旬に我が家にトライアルに来てくれました。飼い主のおばあさんに可愛がられていたそうですがその方が亡くなってしまい、息子さんがお世話をしに来るとき以外は半年以上ひとりぼっちでお留守番をしていたそうです。トライアルが始まった当初は先住猫のマヤがシャーシャーで仲良くなれるか不安だったのですが、1週間ほど経つとお互いに鼻チューをしたり、匂いを嗅ぎ合ったりしはじめました。今ではマヤは

マヤ（手前・3歳♀）、ハナコ（9歳）

威嚇しなくなり、ハナコと仲良くしたいようで舐めてあげたり、寄り添ったりしています。うちに来てくれたばかりの頃のハナコはビビリで、病院から帰ったときや眠るときはすぐ毛布にこもっていましたが、今は私の布団の上で寝たり、お気に入りのソファーでへそ天したり、フリーダムでマイペースな一面をたくさん見せてくれるようになりました。体重も、当初は2.7キロほどしかなく、食が細かったのですが、今では3.7キロのつやつやモフモフの黒猫ちゃんになってくれました。いつまでも好きな場所で寝ておいしいごはんを食べて楽しく過ごしてほしいです。　東京都 みなも

ビフォー

こまめ

(2ヶ月♀)

通学路での出会い

　大学に行く途中、泥まみれで臭いもすごく、蜘蛛の巣だらけで目も開いていないとても酷い状態の子猫が、溝の中で今にも息絶えてしまいそうな声で必死にお母さんを呼んでいました。大学そっちのけで連れて帰り、あまりにも汚れが酷いのでお湯で身体を拭いて抱きながら温め、近くの動物病院へ。先生は「いつダメになってしまうかわからない」と言いつつも、受診料も

とらないで診てくださいました。1週間毎日欠かさず病院に通い、3時間に1回ごはんをあげる日々が続きました。落ち着いたかと思いきや、低血糖で倒れて病院にかけ込んだことも。この子の命を救いたいと必死でした。今では曲者揃いの先住猫たちにも負けないほどヤンチャに元気に育っています。コマ、家族に選んでくれてありがとう。　大阪府　ワイワイ

（6ヶ月）

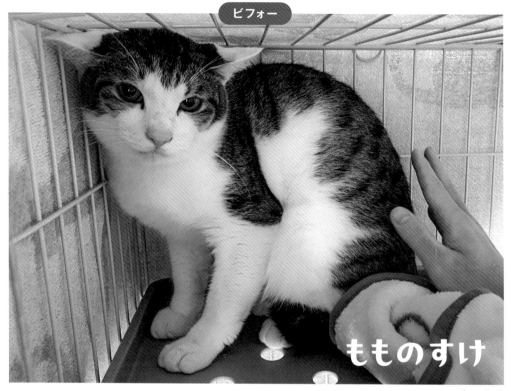

もものすけ

（11ヶ月♂）

同じ手でも

　保護されたときはパニック状態で檻の中で暴れ鼻の頭を擦りむいていました。人の手はもともと好きな子だったようですが警戒心が強く、家に来てから2、3ヶ月ケージから出てこず、仲良くなれ

るのかと不安な日々を過ごしたことを覚えています。トライアル初日、生き物と暮らすのが初めてな夫の震える手で触られているとき、イカ耳と睨み目ですごく不安そうでした。家に少し慣れてきた矢先、夏に熱中症になってしまったのが関係性の転機でした。朝も夜も体を冷やし薬をあげ、一生

アフター

（1歳）

懸命看病をした結果、とても心を許してくれるように。今では名前を呼ぶと返事して近くに来てくれ、ひたすらゴロゴロが止まらないほど信頼してくれるようになりました。夫の手に触れられていても別の猫のように安心して嬉しそうな顔で寝ています。1人と1匹、信頼関係が築けた証拠ではない

でしょうか。今じゃとてもテレビっ子で、夫婦がテレビを見ていると一番前を陣取り、楽しそうにしています。安心できるお家になってよかったね。

神奈川県 じゃすみん

農園を守る守護神

コタロー

写真・文 ハニー

初出：『猫びより』128号（2023年）

愛媛県のいちご農園「まつもとファーム」の松本さんは、農業高校の教員を経て、その知識と技術を活かしていちご農園を営んでいる。かねてより、いちご農園のビニールハウスでは、ネズミやイタチなどの害獣の被害に悩まされていた。

イタチは夜の間にハウスに侵入し、いちごの先端の一番甘くておいしいところだけをかじって食べてしまう。いちごの葉っぱを支えるために張り巡らせたロープも噛みちぎってしまうため、朝、ハウスに行くと、ちぎれたロープが何本も垂れ下がっているという有様だ。

「1本や2本ならまだしも、ひどい時には1列全部やられて、広いハウスの中をあちこち縛り直すだけでも半日かかってました」と松本さん。

イタチは5センチの穴があったら入ってくるという。その穴を塞いでも、違うところを破って入ってくる、まさにイタチごっこだ。

ふと、猫を飼ってみるのはどうだろうと考えていた矢先、かつての教え子の知り合いが子猫を5匹保護して、里親を募集していることを知った。「ぜひにと思い、次の日に迎えに行きました」

子猫たちの中で、一番可愛いと思った子を抱き上げると、しっぽがL字型に曲がっているのに気がついた。

「教え子が、しっぽの先が曲がっているのは、かぎしっぽといって、幸運を引っかけてくる縁起のよい猫だと教えてくれたんです」

本当にたくさんの幸運をひっかけてきたようなコタローくんのかぎしっぽ。そのキュートなチャームポイントを、「ハウスのいろんなところにひっかけてますけどね」と、目を細めながら話す松本さん。

コタロー

（1ヶ月♂）

子猫のコタローくんのために、手作りの柵を用意すると、その中で元気に遊ぶようになった。猫を飼うのは初めてだったが、猫飼いの先輩たちにさまざまなことを教わった。人馴れするようにと、愛情いっぱいに抱っこして過ごしたことが功を奏したのか、抱っこ大好き、なでなで大好きの甘えん坊に育った。

コタローくんが来て1年目は、イタチの被害はなくならなかった。「やはり猫がいても無理なのかな」と思いながらも、2年目を迎えた頃、なんとイタチの被害がゼロになったのだ。
「体が成長してなわばり意識が強くなると、そこからイタチは一切、入ってこなくなりました」

人間では到底、太刀打ちできない害獣の被害

108

アフター

（3歳）

を防いでくれる、猫の優秀さに驚いたという松本さん。

「コタローは僕にとって、頼もしい相棒ですね」

見事に松本さんの信頼を勝ち取ったコタローくん。広大なビニールハウスを1匹で軽々と警護する、まさに守護神だ。

コタローくんの仕事はそれだけではない。ハウスを守るかたわら、いちご狩りに来たお客さんをおもてなしするという大切な役割も担っている。お客さんは、皆優しく接してくれるので、大好きだというコタローくん。特に女性の前だと、ゴロンゴロンしてお腹を見せ、撫でてもらうと至福の表情だ。そんな姿を見て、お客さんもメロメロであることは言うまでもない。

コタロー

一緒にじゃれて遊べるチャミちゃんとは大の仲良し

　いちご農園には、昨年から新たに仲間が加わった。茶白のメス猫チャミちゃんだ。どこからやってきたのか、気がついたらコタローくんと一緒にいて、仲良く過ごすようになったという。
「うちに迷い込んできた猫なので、何かの縁かなと思って。いたかったらいていいよ、って言いました。コタローもちょうどいい友達ができて嬉しそう

です」
　最初は、松本さんの姿を見ただけで逃げていたチャミちゃんだが、餌をあげながら少しずつ距離を縮めると、だんだんと逃げなくなってきた。数ヶ月経ち、今では松本さんにべったり甘えるようになり、足元にゴロンと転がって行く手を阻むのがお得意だ。

警備の仕事が終わったら、暖かいハウスの中でひと休み

「コタローの様子をまねて、ゴロンゴロンするようなったのかも。これからは、人は怖くないんだよって教えてあげたいですね」

コタローくんとチャミちゃんが、仲良くじゃれあっている様子もSNSで大人気だ。

「お客さんに喜んでもらえるのが一番嬉しいです。世知辛い世の中なので、コタローとチャミの可愛い姿やおもしろい姿を見て、ほっこりしてもらえたらいいなと思ってます」

チャミちゃんの松本さんへの変貌ぶりを見ると、これからますます人馴れしそう。

「2匹でお客さんをお迎えできるようになったら最高ですね」と語る松本さん。その日はきっと近いと思う。

私が猫と暮らすには

文・高橋美樹　監修・なみねこの会　写真・なみねこの会、高橋美樹、猫びより編集部

子猫のケアはどうする？

　子猫の場合は、母猫とはぐれて保護されるケースが多いかと思いますが、月齢によってケアが大きく異なります。生後1ヶ月未満の子猫では体温調節ができないため、まずは体温（猫の平熱は38.5℃）を保てるような環境を作った上で、いずれの場合も動物病院へ連れていき、健康診断と適切な飼育指導を受けましょう。

生後1ヶ月未満のケア

イラスト・おかやまたかとし

簡易ベッドを作る（子猫が逃げ出さない）ある程度の高さがある段ボールや発泡スチロールなどの箱にペットシーツとタオル（寒い時期は毛布など）を敷き、体温38.5℃を保てるように、カイロや湯たんぽ、ホットドリンクなどをタオルで巻いて簡易保温ベッドを作る。室温25℃前後、ベッド内は約30℃に保てるぐらいが理想

お尻を刺激して排泄を促す　赤ちゃん猫は1日に何度も排尿する（ウンチは1日1回程度）。膀胱がパンパンだとミルクを飲めないため、授乳前に排泄させるとよい。ぬるま湯で濡らしたティッシュやコットンで肛門付近を優しく刺激して排泄を促す

3〜4時間おきに子猫用ミルクで栄養補給　哺乳瓶（もしくはシリンジ）で、猫肌（38℃）に温めた市販の子猫用ミルクを3〜4時間おきに与える。牛乳は消化不良を起こすので子猫用を

生後1ヶ月頃（離乳期）

・乳歯が確認できれば離乳食（市販の離乳食か、子猫用ミルクにウェットフードを混ぜたもの）でOK
・トイレトレーニングもできるように（またぎやすい浅めのペットトイレか、段ボール箱にビニール袋をかぶせて猫砂を敷いた簡易トイレでもOK）
・動き回るようになるためケージでお世話

生後2〜6ヶ月

・子猫用のフードをドライとウェット併用して与える（食べすぎによる下痢に注意）
・生後2ヶ月頃にワクチン接種。1ヶ月後に2回目接種
・4〜6ヶ月頃に発情が見られるように。メスは大きな鳴き声、オスはオシッコでマーキングが始まる。発情前に不妊手術をするのが望ましい（具体的な時期は医師に相談）

猫それぞれの個性を愛す

　フレンドリー？　おしゃべり？　気難しい？　甘えん坊？　ミステリアス？　気分屋？　そのどれも猫らしい猫です。私たち人間と同じように猫も十猫十色。保護してすぐに心を開いてくれるオープンマインドな猫もいれば、臆病で警戒心が強く、時間を必要とする猫もいます。また、抱っこ好きな子もいれば、抱っこ嫌いも当然います。外で人知れず苦労を重ねてきた猫ならなおさらです。こればかりはどんなにこちらが努力しても、私たちが持って生まれた性格をなかなか変えられないのと同じように、コントロールできないものとある程度は割り切りが必要です。「懐かなくても抱っこできなくてもいいよ」というおおらかな気持ちで接しましょう。ただ最低限、体調不良の際の通院や災害時の同伴避難などを考えると、飼い主に馴れ、いざというときには捕獲できるようになるといいでしょう。そのためには猫との信頼関係を築いておきましょう。その猫の個性とペースを最大限に尊重して接していれば、きっと時間はかかっても、その子なりのあなたへの心の開き方をしてくれることでしょう。

人馴れのためのステップアップ

まったく馴れていない or 威嚇する

・人がいる環境に慣れるまではケージで（一面だけ残してケージを布で覆うと猫も安心しやすい）
・むやみに見ない。触らない。空気のような存在がベスト
・フード交換、トイレ掃除も淡々と
・大声、大きな音を出さない

人にわずかに興味を示す

・孫の手や棒付きのオモチャであご下を撫でてみる
・まずは人差し指一本から猫の鼻に近づけてみる（ウェット系のおやつを指に付けてもOK）
・徐々に指を増やして、顔周りや体もさりげなく撫でる（歯ブラシでのブラッシングも好きな猫が多い）
・触る（見つめる）のは猫が求めてきたときだけ
・先住猫がいる場合は一定期間隔離後、ケージ越しに慎重に接触させる

人や環境にだいぶ慣れてきた

・ケージから出してみる（思わぬアクシデントや脱走防止のために部屋の扉や窓は閉めておく）
・ケージはいつでも戻れる安全地帯としてしばらく残しておく
・部屋の開放は段階を踏んで（同時に脱走対策も講じておく）

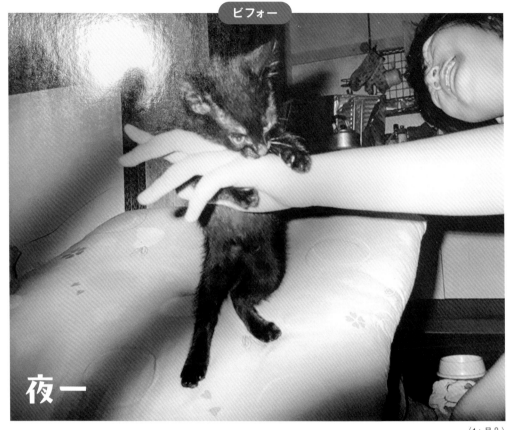

ビフォー

夜一

（1ヶ月♀）

17歳、ツヤツヤです

夜一が来た当初はごはんも食べずトイレもなかなかしなくて心配していましたが、家に来て3日目でお転婆に家を駆け回り手をおもちゃだと思ってガブリ。その後、ごはんを食べ、本棚の前で盛大にうんちをしてくれました。現在17歳。食欲旺盛の元気なお猫様です。口元にお弁当をつ

アフター

（17歳）

けて食べてきたよと報告してきます。食べ方が下手くそすぎてよくお茶碗の周りにこぼしています。獣医さんも驚くぐらい毛並みがツヤツヤで美しく、首と胸、お腹に白い模様があるのですが、そこがまたふわさらでとても可愛いです。よるちゃんはとくにお腹の白い毛がお気に入りらしく、念入りにお手入れに時間をかけています。

兵庫県 ネコの召使い

ビフォー

政宗

（1ヶ月♂）

愛嬌たっぷりに成長

　お盆過ぎの暑い夕方、車で走行中、道端にぽつんとひとりたたずんでる子猫を発見。周りを見ても兄弟や母猫もいません。このままだと車に轢かれるかカラスに狙われると思い、すぐさま車中にあったエコバッグに入れて行きつけの動物病院へ。かなり目が重症で、朝晩の抗生剤投与、数時間おきの目

（2歳）

薬で治療。眼球がズレてしまっているので片目は見えていませんが、なんとか最善を尽くして、できる限りのことはしてあげたいと思いました。ごはんをよく食べよく寝て、トイレもしっかりとできて体力も回復し、あれよあれよと巨大化。そして、なにより甘えん坊将軍になりました。怒ったことがなく、老若男女だれでも大丈夫。しかも、わんこが好きで、初見でも、すりすりしてしまうほどです。　　　千葉県 美容室ジャム

117

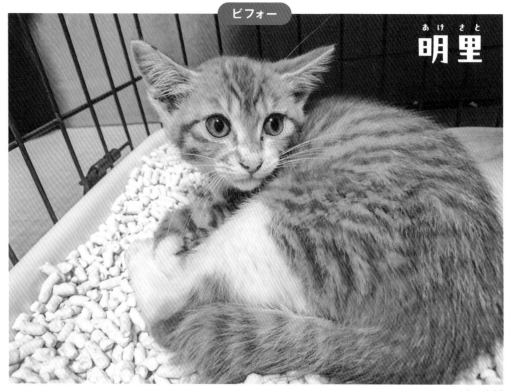

ビフォー

<ruby>明<rt>あけ</rt>里<rt>さと</rt></ruby>

（2ヶ月♀）

家を明るく照らす存在に

　雨の中足を引きずりながら歩いているところを保護しました。お家に来たばかりのときは、猫砂の上で小さく身を隠して怯えていました。お外で怖い思いをしたのか、触ろうとすると震えながらも威嚇と猫パンチで、なかなか触れることができませんでした。高熱とふらつきが出たため動物病院で診察した結果、右手足の間接の骨が腐敗していました。身体に障害があったため、必死に身を守っていたのかもしれません。今も手足に障害は残っているものの、そんなことは感じさせないく

アフター

（3歳）

らいに天真爛漫で、お兄ちゃん猫たちにプロレスごっこを挑むほどお転婆な女の子に成長しました。保護時の威嚇はウソのように今では人間大好きな甘えん坊さんで、常に私の後ろをくっついて歩いています。高いところも大好きで、器用にキャットタワーの一番高い所に登り、一番眺めの

よい場所で、のんびりお昼寝するのが日課になっています。明里がいるだけで、家の中がぱっと明るくなるような存在です。この子に出会えてよかったと、日々しあわせをもらっています。

神奈川県 chiro

ミエル

(3ヶ月♂)

喜びも悲しみも
大切に抱えて

　ミエルちゃんをお迎え
する少し前、我が家はペッ
トロスの中にいました。そ
んなとき、ミエルちゃんの
保護主さんの里親募集の
ページに辿り着きました。
以前から里親になることに
興味はあったのですが、お
別れが怖くて無理かもし
れないと思っていました。
ですが、初めてミエルちゃ
んの写真を見たとき、突然
涙が溢れて止まらず声を
出して泣いてしまい、突き
動かされるように保護主
さんに連絡しました。ミエ
ルちゃんは、とってもマイ
ペースなおっとりさん。特
におうちに来て1年半くら
いの間はのびのびと過ご
してくれ、2年経った頃、後
を追いかけてくれたり子猫

120

アフター

（2歳）

みたいな声でニャーと可愛く鳴いてすりすり甘えてくれたり、ごってんとたくさん転がってくれたりするようになりました。元気いっぱい食べて遊んで気持ちよさそうにお昼寝している姿を見るだけで本当にしあわせで胸いっぱいな気持ちになります。ミエルちゃんのおかげで笑顔をもらい、毎日を一生懸命に生きるカッコよさにパワーをもらい、喜びも悲しみも乗り越えなくても大切に抱えていけばいいんだ。そんなことを教えてもらった気がします。

神奈川県　はちみつミエル

121

雪見

(1ヶ月♀)

臆病からやきもち焼きへ

うちの縁の下で白猫のお母さんが4匹子猫を産みました。生後6ヶ月まではうちの庭で母猫、父猫（地域のボス）と子猫が暮らしていました（人は外で見守っていました）が、だんだん母猫が子猫を追い払うようになりました。相談の末、先住猫のいる里親さんと3家族で家の中で飼うことになりました。雪

（1歳）

見は最初の頃はいつも遠くから不安そうにこちらを見ていて、近づくとサッと逃げてしまい触ることもできずにいました。逃げ足がとても速かったですが、今ではものすごく甘えん坊でやきもち焼きです。夜中、人が寝ているときも、「布団に入れて〜」と大きな声で訴えてきます。顔を見ると「なんて可愛いの！」といつでも大歓迎。しばらく布団の中でグルグル鳴いているのも至福の時間です。

千葉県 山崎家

しょぼぼ

しょぼ顔だけど甘えん坊

写真・文 しょぼぼの飼い主

初出:『ネコまる』46号（2023年）

　3年前の夏、引っ越しを機に猫と暮らそうと決心し、里親募集サイトを覗いていたとき、しょぼぼと出会いました。「添い寝男しょぼぼ」というネーミングセンスと独特すぎる写真の数々がものすごく印象に残り、お見合いを申し込みました。保護団体の方からは、「とても大きい子なのでびっくりしないでください」と念を押されていましたが、行ってみたらその言葉通りの大きな猫が出てきたので、思わず「でか!!!」と声が出ました（笑）。ですが、その大きな体に反してクレートの底にへばりついてびびり倒している姿はものすごく可愛くて、ぜひこの子と暮らしたいと思い、お迎えを決めました。

　しょぼぼは人間が身じろぎしただけで逃げてしまうほどの怖がりで、うちに来た最初の頃もとにかく怖がって隠れていました。そんなしょぼぼですが、甘えモードのときはいったん逃げてもすぐに戻ってきてゴロゴロ。朝になると私を起こしに来て、お気に入りのソファーに陣取ってしばらく触ってもらうのがしょぼぼの日課です。「呼び鳴き」して私と夫をソファーまでやってこさせるのがしょぼぼ流で、日中寂しくなったときには、在宅ワークの夫を呼びに行って触ってもらっているそうです。

一生懸命遊ぶ姿もどこか切なげ

しょぼぼ

ビフォー

（2歳♂）

　私たちと少し離れただけで寂しくなる甘えん坊なしょぼぼは、帰宅してくる私の足音を聞いて玄関で出待ちしてくれることもあり、とても嬉しくなります。また、ちょっと不器用でどんくさいとこ

（5歳）

ろもしょぼぼの魅力で、猫らしからぬ「どっどっ
どっ」という足音や、キャットタワーから降りると
きの「どどん！」という大きい音にはいつも笑って
しまいます。

カンガルーのような
大きい立派な体格

　私が独り身のとき
に迎えたしょぼぼです
が、今では夫と相思相
愛。夫のことが好きで
好きでたまらないらし
く、仕事中もずっと後ろ
で寝て待って、休憩に
なると甘えています。夫
もしょぼぼのことが可
愛くて仕方ないようで、
普段は面倒くさがりで

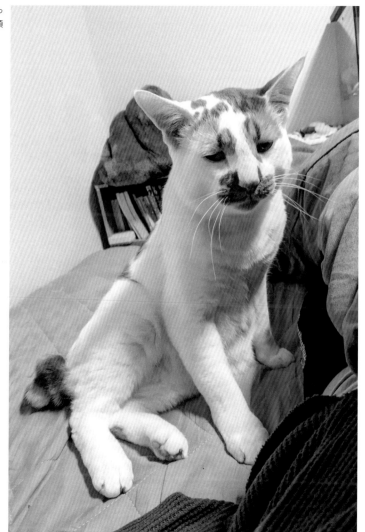

ご機嫌なときもしかめっ面に見える愛嬌溢れる顔

すが一生懸命お世話しています。投薬の必要があるときも、しょぼぼは夫からなら薬を飲んでくれたので、一朝一夕には築けない信頼関係がお互いの中に生まれていると思います。気づくといつも2人でくっついて寝ていて羨ましいです（笑）。

しょぼぼ

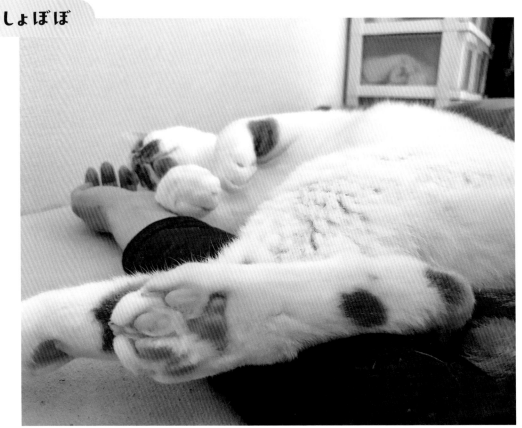

夫の手に全身で甘え倒すしょぼぼ

　大きい体で一生懸命遊んだり、私と夫がベッドにいると仲間に入りたそうに寄ってきたり、家に人が来ると怖くて逃げてしまうような子が、私たちにだけ精一杯不器用に甘えてくる姿には胸がいっぱいになります。しょぼぼ、これからも大きくて可愛くて、そしてどこかちょっとヘンテコな猫でいてください。しょぼぼの個性をこの世界の誰よりも愛しています。

夫が撮影するときだけ目に光が宿る!

はなび

（0歳♀）

お兄ちゃんに支えられて

　2008年夏、隣町で保護されたシャムサビ柄の子猫は小さいのにスターウォーズのヨーダ顔で、保護先の動物病院では「ヨダさん」と呼ばれていました。ちび猫ヨダさんは我が家に加わり、「はなび」と命名。当時2歳の先住兄さん猫は、気の強いはなびに少々手を焼いていて、飼い主も少し気をもんでいました。保護後初めての夏、寝ていたはなびが突然うなされたように大きな声で鳴きは

アフター

（10歳）

じめました。するとそばにいたお兄ちゃんがはな
びに近づき、小さい顔が揺れるくらいぐしぐしと
頭を舐めたのです。はなびはぴたっと鳴き止みま
した。この出来事を2匹の原点と心に留めて、年
を重ねて変化していく関係性を見つめています。

そして10年後、同じソファーの背でくつろぐはな
びはどっしり大きくなりました。心配ごとも増えて
くるオトシゴロではあるけれど、まだまだ今を楽し
んでほしいと願っています。　　　　神奈川県 こてち

133

ビフォー

みけ

（5ヶ月♀）

可愛い
ツンツン娘

　三毛柄の猫さんを
お迎えしたいと考えて
いたとき、譲渡会でみ
けちゃんを見てすぐに
声をかけさせてもらい
ました。うちに来た初
日、キャリーバッグから
出されるとあっという
間に隙間に逃げ込ん
でしまい、その日は出
てきませんでした。今
も警戒心が強いのは
変わらないけど、家族
の前ではとてもリラッ
クスできるようになり
ました。あっつい夏日
に日向でウネウネ日向
ぼっこしています。みけ
ちゃん自ら飼い主にス

アフター

リスリしたり膝に乗ったりはしてくれないのに、自分が甘えたいときは怒ったように鳴いて飼い主を呼びつけてなでなでを所望します。夜寝るときも布団には入らないけど隣にセッティングしてあるみけちゃん用の布団で寝てくれたり、ツンツンしているけれど飼い主のことは大好きでいてくれているのがとても可愛いです。とにかく元気に長生きして、ずっと一緒にいてほしいです。

埼玉県 Kuroneko_120

（6歳）

チャッキー

（5歳♂）

7キロはしあわせの重さ

チャッキーは保護する数ヶ月前から我が家の屋根裏を住処とし、誰かが玄関に出ようとするとごはんを欲しそうにこちらを見ていました。夏の

暑い日、外にいるのは酷だと判断したため保護に至りました。保護して数ヶ月はなかなか撫でさせてはくれませんでした。それでも、毎日毎日お世話をしていると、いつの間にか向こうからすり寄ってきてごはんをねだりだしました。私が何も

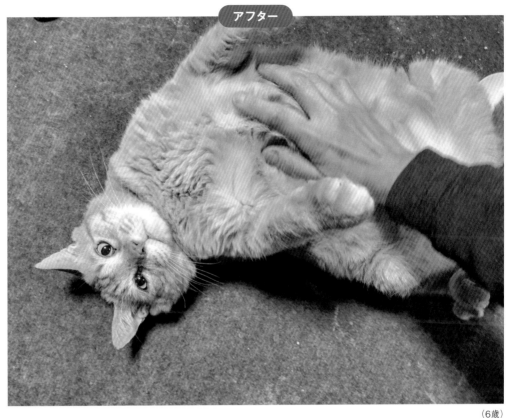

（6歳）

せずに座っていると足元にスリスリ。ゲームをしているとお腹に乗ってきたりもします。体重が7キロもあるのでかなりの負担ですが、しあわせの重量だと解釈しています。抱っこはあまり好きではないけど、ブラッシングは好きで、今では撫でてと甘えてきます。猫エイズキャリアの猫ですが、ストレスフリーな生活で、一日でも長くしあわせな猫生を過ごして欲しいと願っています。

奈良県 maruwa★taro

ビフォー

ベツヲ

(1ヶ月♂)

出会いは小雨の中

2002年の日韓ワールドカップ開催中の6月20日のこと。残業をして少し疲れたので、いつもと違う路線を使い、小雨の降る中家路を急いでいたところ、道の反対側の公園の方から子猫の大きな鳴き声が聞こえてきました。暗くて姿が見えませんがお腹を空かしているようだったので、家から缶詰を持ってきて差し出しましたが食べる気配がありません。這いつくばって手を伸ばして引き寄せたら鼻水、涙まみれの

アフター

子猫が。とりあえず連れて帰ることに。翌朝動物病院で太い注射を2本打ってもらいました。回復したら里子に出す予定でしたが、すっかり情が移った夫の反対でうちの子に。夫とは大の仲良しで、よく足の上でおかしなポーズでくつろいでいました。2022年9月に20歳3ヶ月余りの天寿を全うし、枯れるように亡くなりました。ベツヲの思い出は尽きず、いろいろな場面が蘇ってきます。　千葉県 キウイ母

（7歳）

ビビ

(2ヶ月♂)

貫禄ばつぐん!

　ご近所さんの屋根裏で生まれ、母猫に置いていかれたようで「ニャーニャー!」と朝から晩まで叫んでいたのがビビちゃんです。ご近所さんが屋根裏を探って捕まえました。ご近所さんは飼うことは難しいようでし

アフター

（10歳）

たが、うちには先住猫もたくさんいたので、迎え入れようと名乗り出ました。ビビはお腹が空いてきたらジッと見つめてきて、それを知らんぷりすると手を出してチョイチョイしてきて、それでも無視しつづけると思いっきり噛んでくるような、意思表示が強い子です。ご機嫌がよいと見つめて「好き好き」と瞬きをしたり、呼んだら可愛く返事したり、とってもとってもわかりやすくて可愛い子です。もうシニア期ですが、まだまだ一緒にいたいと思ってるよ〜、ビビちゃん！　　　　兵庫県 さつき

ビフォー

コロ助

(6ヶ月♂)

安心な家と
家族を手に入れて

　コンビニに居着いているお母さん猫から生まれた子で、交通事故に遭いやすい場所だったため保護しました。当時は生後半年近いはずですが、体重は1キロありませんでした。保護してみると交通事故に遭った後遺症などもあることがわかり、手術しました。蹴られたりしたのか、また、事故により酸欠状態で生きてきたからか、保護直後はまだ怖がっていました。保護団体のボランティアをしている関係で、私はこのコンビニに居着いた猫たちを知りました。子猫を毎年産むお母さん猫がいましたが、子猫たちはほとんど歩きはじめた頃に轢かれてしまうような場所で、コロ助の兄弟

はみな轢かれて亡くなってしまいました。コロ助は轢かれた後、お母さんが大切に大切に看病し育ててくれたおかげで生き延びられたのです。横隔膜ヘルニアや、足の変形が見られるほどの酷い怪我で、保護をしなければ1歳を迎えることはできなかったでしょう。今、室内で安心して暮らすコロ助を見ると、保護をしてよかったと心から思います。今ではすっかり家猫で、お外には全く出たがらず、毎日たくさんごはんを食べて、猫のお兄ちゃんたちに甘えながら安心して暮らしています。お外で過酷な運命を背負う猫さんたちが減りますように願っています。

千葉県 モンママ

（2歳）

みんなしあわせ！
保護猫ビフォー→アフター→

2024年2月15日　初版第1刷発行

編　者　─────── 猫びより編集部

発行人　─────── 廣瀬和二

発行所　─────── 辰巳出版株式会社

〒113-0033

東京都文京区本郷1-33-13 春日町ビル5F

TEL 03-5931-5920（代表）

FAX 03-6386-3087（販売部）

https://www.TG-NET.co.jp

印刷・製本　─────── 図書印刷株式会社

デザイン　─────── 韮澤優作（Calm and Flat River）

本書の売上の一部は杉並区のボランティアグループ「なみねこの会」に寄付されます。